JEC-3403-2001

電気学会　電気規格調査会標準規格

電力ケーブル用プラスチックシース

緒　　　言

1. 制定の経緯と要旨

　JEC-3403（電力ケーブル用プラスチックシース）は1964年に制定された JEC-159 を基礎として1990年に制定され，今日に至っている。

　一方，上記規格内に引用されている JIS C 3005 は2000年に改訂がなされている。また，最近においては，耐燃性を向上させた難燃性ビニル防食層・シースの採用や，電力ケーブルの長尺化に伴い66kV 以上の電力ケーブルへのスパーク試験適用例も増加している。

　このためこれらの状況を反映すべく改訂を行うこととし，1999年12月に電力ケーブル用防食層・プラスチックシース標準特別委員会を設置し，改訂作業に着手し，2001年5月23日に電気規格調査会委員総会の承認を経て制定されたものである。

　本規格は，6 600V 以上275 000V 以下の電力用回路に使用する電力ケーブルのうち，金属シースを含まないケーブルの外装として使用するプラスチックシースに適用するものであり，制定の要旨は以下のとおりである。

　① 絶縁抵抗試験

　　絶縁抵抗試験については，長尺ケーブルの適用が増えてきた現状を考慮し，試験水槽内にケーブル全長を浸して測定する従来からの方式に加えて，両端の防食層上のみをアルミ箔で巻き絶縁抵抗を測定するアルミ箔方式を追加し，どちらも選択できるようにした。

　② わく耐電圧

　　わく耐電圧については，絶縁抵抗試験と同様の理由により，試験水槽内に両端末を除くケーブルの全長を浸して遮へい層と水の間に直流電圧を加える従来からの直流耐電圧試験に加えて，JIS C 3005-2000に規定されるスパーク試験を追加し，どちらも選択できるようにした。

　③ 材　料

　　材料としては，現在規定されているビニルシース1種，2種（普通）に加えて，難燃特性を向上させた3種（難燃）を規格に取り入れた。これにしたがい，JIS C 3005-2000に規定されている従来の耐燃性試験に加えて，IEEE Std. 383-1974に準拠した難燃性試験を3種に対して適用することとした。

　④ その他の各試験

　　その他の各試験については，JEC-3403-1990を基礎として定めた。

2. 引用規格

　　JIS C 3005-2000　　　　ゴム・プラスチック絶縁電線試験方法

　　JEC-0202-1994　　　　インパルス電圧・電流試験一般

IEEE Std. 383-1974	Type test of Class IE Electric Cables, Field Splices, and Connections for Nuclear Power Generating Station
JEC-3408-1997	特別高圧（11kV～275kV）架橋ポリエチレンケーブルおよび接続部の高電圧試験方法
ASTM E 662-1997	Test Method for Specific Optical Density of Smoke Generated by Solid Materials
JCS 6053-1976	低塩酸ビニルシース
JIS K 0105-1998	排ガス中のふっ素化合物分析方法
JIS K 0107-1995	排ガス中の塩化水素分析方法
JIS K 6253-1997	加硫ゴム及熱可塑性ゴムの硬さ試験方法

3. 関連規格

JEC-159-1964	電力ケーブル用防食層
JEC-3402-2001	電力ケーブル用防食層
ASTM D 2240-97	Rubber Property-Durometer Hardness
JIS C 3606-1993	高圧架橋ポリエチレンケーブル
IEC Pub. 229-1982	Test on cable oversheaths which have a special protective function and are applied by extrusion
IEC Std. 60502-1997	Power cables with extruded insulation and their accessories for rated voltages from 1kV up to 30kV

4. 標準特別委員会

委員会名：電力ケーブル用防食層・プラスチックシース標準特別委員会

委 員 長	関井　康雄　（千葉工業大学）	委　　　員	田村　直人　（北陸電力）
幹　　　事	佐々木立雄　（東京電力）	同	小橋　一志　（関西電力）
同	島田　元生　（古河電気工業）	同	沖田　忠義　（中国電力）
幹事補佐	後藤　毅志　（東京電力）	同	森下　博　（四国電力）
同	佐久間　進　（古河電気工業）	同	今村　義人　（九州電力）
委　　　員	足立　恭二　（原子力安全・保安院）	同	前川　雄一　（電源開発）
同	栗山　秀春　（東日本旅客鉄道）	同	高山　芳郎　（日本電線工業会）
同	倉成　祐幸　（電気事業連合会）	同	近田　彰夫　（住友電気工業）
同	今城　尚久　（電力中央研究所）	同	竹鼻　始　（フジクラ）
同	真弓　明彦　（北海道電力）	同	吉田　文雄　（日立電線）
同	遠藤　誠　（東北電力）	同	尾鷲　正幸　（昭和電線電纜）
同	梅村　隆　（中部電力）	同	杉山　敬二　（三菱電線工業）

5. 部会

部会名：電線・ケーブル部会（兼電線・ケーブル標準化委員会）

委 員 長	岩田　善輔　（古河電気工業）	1号委員	赤嶺　淳一　（日本電機工業会）
幹　　　事	木村　人司　（古河電気工業）	同	尾鷲　正幸　（昭和電線電纜）

1号委員　勝田　銀造　（東京電力）
　同　　小林　輝雄　（東日本旅客鉄道）
　同　　近田　彰夫　（住友電気工業）
　同　　杉山　敬二　（三菱電線工業）
　同　　高山　芳郎　（日本電線工業会）
　同　　辻　康次郎　（日本電力ケーブル接続技術協会）

6. 電気規格調査会

会　　長　関根　泰次　（東京理科大学）
副会長　　大野　榮一　（三菱電機）
　同　　　鈴木　俊男　（電力中央研究所）
理　　事　石井　彰三　（学会調査担当副会長）
　同　　　今駒　　嵩　（日本ガイシ）
　同　　　岩田　善輔　（古河電気工業）
　同　　　大木　義路　（早稲田大学）
　同　　　尾崎　之孝　（東京電力）
　同　　　尾関　雅則　（日本鉄道電気技術協会）
　同　　　河合　忠雄　（日立製作所）
　同　　　木戸　達雄　（産業技術環境局）
　同　　　楠井　昭二　（日本工業大学）
　同　　　菅原　良二　（電源開発）
　同　　　鈴木　　浩　（学会調査理事）
　同　　　高井　　明　（富士電機）
　同　　　田里　　誠　（東　芝）
　同　　　中西　邦雄　（横浜国立大学）
　同　　　中村　　亨　（明電舎）
　同　　　広瀬　研吉　（資源エネルギー庁）
　同　　　村上　陽一　（日本電機工業会）
　同　　　八木　　誠　（関西電力）
1号委員　石井　彰三　（学会調査担当副会長）
　同　　　鈴木　　浩　（学会調査理事）
2号委員　荒井　聰明　（東京電機大学）
　同　　　堺　　孝夫　（武蔵工業大学）
　同　　　小山　茂夫　（日本大学）
　同　　　上田　睆亮　（京都大学）
　同　　　豊田　淳一　（八戸工業大学）
　同　　　白取　健治　（国土交通省）
　同　　　大和田野芳郎（電子技術総合研究所）

1号委員　丸茂　守忠　（日立電線）
　同　　　柳沢　健史　（古河電気工業）
　同　　　山内　荘平　（関電工）
　同　　　横山　　博　（東京電力）
　同　　　吉田昭太郎　（フジクラ）
2号委員　関井　康雄　（千葉工業大学）

2号委員　土屋　忠巳　（東日本旅客鉄道）
　同　　　吉川　照一　（北海道電力）
　同　　　木村　　喬　（東北電力）
　同　　　長坂　秀雄　（北陸電力）
　同　　　河津譽四男　（中部電力）
　同　　　細田　順弘　（中国電力）
　同　　　高島　　弘　（四国電力）
　同　　　緒方　誠一　（九州電力）
　同　　　猪ノ口博文　（安川電機）
　同　　　三宅　敏明　（松下電器産業）
　同　　　福田　達夫　（横河電機）
　同　　　林　　幹朗　（日新電機）
　同　　　鈴木　兼四　（住友電気工業）
　同　　　吉田昭太郎　（フジクラ）
　同　　　水野　幸信　（帝都高速度交通営団）
　同　　　大西　忠治　（新日本製鐵）
　同　　　鈴木　英昭　（日本原子力発電）
　同　　　福島　　彰　（日本船舶標準協会）
　同　　　浅井　　功　（日本電気協会）
　同　　　高山　芳郎　（日本電線工業会）
　同　　　飯田　　眞　（日本電設工業協会）
　同　　　廣田　泰輔　（日本電球工業会）
　同　　　新畑　隆司　（日本電気計測器工業会）
3号委員　岡部　洋一　（電気専門用語）
　同　　　多氣　昌生　（IEC/TC106）
　同　　　徳田　正満　（電磁両立性）
　同　　　小金　　実　（電力量計）
　同　　　中邑　達明　（計器用変成器）
　同　　　佐藤　中一　（電力用通信）
　同　　　河田　良夫　（計測安全）

3号委員	平山　宏之	（電磁計測）		3号委員	河野　照哉	（避雷器）
同	辻倉　洋右	（保護リレー装置）		同	菅原　良二	（水　車）
同	猪狩　武尚	（回転機）		同	坂本　雄吉	（架空送電線路）
同	杉本　俊郎	（電力用変圧器）		同	尾崎　勇造	（絶縁協調）
同	中西　邦雄	（開閉装置）		同	高須　和彦	（がいし）
同	河村　達雄	（ガス絶縁開閉装置，標準電圧，高電圧試験方法）		同	芹沢　康夫	（短絡電流）
同	松瀬　貢規	（パワーエレクトロニクス）		同	岡　圭介	（活線作業用工具・設備）
同	河本康太郎	（工業用電気加熱装置）		同	大木　義路	（電気材料）
同	稲葉　次紀	（ヒューズ）		同	岩田　善輔	（電線・ケーブル）
同	西松　峯昭	（電力用コンデンサ）		同	久保　敏	（鉄道電気設備）

JEC-3403-2001

電気学会　電気規格調査会標準規格

電力ケーブル用プラスチックシース

目　次

1. 適　用　範　囲 ·· 7
2. 用　語　の　意　味 ·· 7
3. 種　　　　類 ·· 7
4. 材料および製造法 ··· 8
   4.1　ビニルシース ·· 8
   4.2　ポリエチレンシース ·· 8
5. 構　　　　造 ·· 8
6. 性　　　　能 ·· 8
7. 試　　　　験 ··· 10
   7.1　試　験　の　種　類 ·· 10
   7.2　試　験　方　法 ·· 10
      7.2.1　構　　造 ··· 10
      7.2.2　耐　電　圧 ··· 11
      7.2.3　絶　縁　抵　抗 ··· 11
      7.2.4　引　　張 ··· 11
      7.2.5　加　熱　老　化 ··· 11
      7.2.6　耐　油　性 ··· 11
      7.2.7　加　熱　変　形 ··· 11
      7.2.8　耐　寒　性 ··· 12
      7.2.9　耐　燃　性 ··· 12
      7.2.10　硬　　さ ··· 12
      7.2.11　難　燃　特　性 ··· 12
      7.2.12　発　煙　量 ··· 12
      7.2.13　ハロゲン化水素 ·· 12
      7.2.14　フッ化水素 ·· 12

解　　　　説 ··· 13

JEC-3403-2001

電気学会　電気規格調査会標準規格

電力ケーブル用プラスチックシース

1. 適用範囲

この規格は，公称電圧6 600V以上275 000V[1]以下の電力用回路に使用する電力ケーブルのうち，金属シースをもたないケーブルの外装として使用するポリ塩化ビニル（以下，ビニルという）シース，およびポリエチレンシースに適用する。

注(1) 本規格での電圧表示は特記ない限り，交流の実効値とする。
参考　金属シースを有するケーブル用防食層については，JEC-3402-2001に規定する。

2. 用語の意味

この規格で用いる主な用語の意味は，次のとおりである。

(1) **トリプレックス形ケーブル**　各線心にシースを施した単心ケーブルを3条より合せた構造をもつケーブル

(2) **スパーク試験**　JIS C 3005-2000（ゴム・プラスチック絶縁電線試験方法）に定める方法により，シース外表面上の摺（しゅう）動電極と遮へい層との間に交流50Hzまたは60Hzの規定電圧を加えながら，ケーブルを移動させる方式による耐電圧試験

(3) **わく試験**　出荷するケーブルの全量について行う試験

(4) **抜き取りわく試験**　複数の出荷わくのうちから規定数量を抜き取り，そのわくのケーブルの全量について行う試験

(5) **試料試験**　出荷するケーブルから規定の長さを採って行う試験

3. 種類(解説1)

シースの種類は**表1**のとおりとする。

表1　シースの種類

種　　　類	
ビニルシース	1種
	2種
	3種
ポリエチレンシース	

備考 ビニルシース 2 種は耐外傷性能を向上させたもの，3 種は難燃特性を向上させたもの。

4. 材料および製造法

4.1 ビニルシース

ビニルシースはポリ塩化ビニル樹脂に必要部数の安定剤，可塑剤，滑剤，充てん剤，着色剤などを配合したビニルコンパウンドを材料として，ケーブル最外層に連続して押し出し被覆して製造する。

4.2 ポリエチレンシース

ポリエチレンシースは低密度ポリエチレン樹脂に必要部数の酸化防止剤，着色剤などを配合したポリエチレンコンパウンドを材料として，ケーブル最外層に連続して押し出し被覆して製造する。

参考 シースの色については本規格では特定しないが，一般にはカーボン入り黒色を用いることが耐候性の点からは好ましい。

5. 構　造 (解説 2)

シースの厚さは**表 2** の式によって決定する。

表 2　シースの厚さ

ケーブルの種類	シースの厚さ t　mm
特別高圧ケーブルおよび単心高圧ケーブル	$t = \dfrac{D}{25} + 1.3$
トリプレックス形高圧ケーブル	$t = \dfrac{D}{15} + 1.0$

備考 1. D はシース内径 (mm) であって，設計上の標準値を使用する。
 2. シースの厚さ t (mm) は**表 2** の式で計算し，小数 2 位以下を四捨五入して，小数 1 位までの数値とする。
 3. 特別高圧ケーブルに対しては**表 2** の式で計算したシースの厚さを，0.5mm 単位に切り上げてシースの厚さとする。

6. 性　能

シースは **7.** によって試験を行い，**表 3** の規定に合格しなければならない。

表 3　性　能

項　目＼種　類	ビニルシース 1 種	ビニルシース 2 種	ビニルシース 3 種	ポリエチレンシース
構　造	測定最小値は**表 2** の値の85%以上かつ測定平均値は**表 2** の値の90%以上			
耐　電　圧	**表 4** の値に耐えること			
絶縁抵抗　MΩ・km	1以上	10以上	1以上	500以上

(次ページへつづく)

項目＼種類		ビニルシース 1種	ビニルシース 2種	ビニルシース 3種	ポリエチレンシース
引張	引張強さ MPa	12.5以上	18.0以上	10.0以上	10.0以上
	伸び ％	200以上	200以上	120以上	350以上
加熱老化	引張強さ残率 ％	85以上			80以上
	伸び残率 ％	80以上			65以上
耐油性	引張強さ残率 ％	80以上			60以上
	伸び残率 ％	60以上			60以上
加熱変形	厚さの変化率 ％	50以下			10以下
耐寒性		－15℃の温度で破壊しないこと			―
耐燃性		燃焼を続けないこと			
硬さ	ショアD硬度	―	40以上	35以上	―
難燃特性		―	―	22kV以上のケーブル：3回の燃焼試験の結果，いずれも燃焼長がバーナ口から1200mm以下で，かつ残炎時間1時間程度以内／6〜11kV：2回の燃焼試験の結果，いずれも試料の上端まで燃えないこと（ただし，1回目の試験にて燃焼長さがケーブル下端より1500mm未満であるときはこれを合格とする）。	―
発煙量		―	―	400以下	―
ハロゲン化水素発生量		―	―	350mg/g以下	―
フッ化水素発生量		―	―	200mg/g以下	―

表4　耐電圧値

ケーブルの公称電圧 V	シース厚さ t mm	直流耐電圧試験 kV	スパーク試験（交流） kV		インパルス耐電圧試験 kV
6 600〜33 000	表2によるシース厚さ	$8 \times t$ 最高25	$6 \times t$ 気中で最高20 水中で最高15		―
66 000〜275 000	3.5	25	気中 20	水中 15	50
	4.0				60
	4.5				65
	5.0				75
	5.5				80
	6.0				90

備考　6 600〜33 000Vケーブルの直流耐電圧試験およびスパーク試験の耐電圧値は，表4で計算した値をkV単位に切り上げた数値とする。

7. 試　　　　　験

7.1　試験の種類

試験項目および試験の種類は**表5**に示すとおりとする。

表5　試験項目および試験の種類

試験項目	形式[2]	受入 わく[3]	受入 抜き取りわく[4]	受入 試料[5]	適用事項
構　　造	○			○	
耐電圧　直流またはスパーク	○	○			
耐電圧　インパルス[1]	○				
絶　縁　抵　抗[1]	○		○		
引　　張	○				
加　熱　老　化	○				
耐　油　性	○				
加　熱　変　形	○				
耐　寒　性	○				
耐　燃　性	○				
硬　　さ	○				
難　燃　特　性	○				
発　煙　量	○				
ハロゲン化水素発生量	○				
フッ化水素発生量	○				

注(1)　インパルス試験および絶縁抵抗試験は，66 000V以上のケーブルに適用する。
　(2)　形式試験における検査数量は受渡し当事者間の合意によるものとするが，原則として新しい材料や組成を採用したビニルコンパウンド，もしくはポリエチレンコンパウンドを使用するに先立ち，実施するものとする。なお，試験はJEC-3403-1990のように適用ケーブル種ごとに実施するのではなく，JEC-3408-1997に示される試験合理化の精神に則り，電圧階級，構造が異なる場合でも代表ケーブルデータで代用可能な場合は試験の省略を図るものとする。
　(3)　わく試験における検査数量は出荷するケーブルの全量とする。
　(4)　抜き取りわく試験における検査数量は受渡し当事者間の合意によるものとするが，定めのない場合は15出荷わくに1わくの割合とする。
　(5)　試料試験における検査数量は受渡し当事者間の合意によるものとするが，定めのない場合は15出荷わくに1試料の割合とする。

7.2　試験方法

7.2.1　構　　造　完成したケーブルから適当な長さのシースを採取し，それぞれケーブルの軸に直角な同一断面の，中心に対してほぼ等しい角度ごとに6箇所以上の厚さを**JIS C 3005**-2000の**4.3**（構造）に定める方法で直接測定し，平均値および最小値を求める。なお，測定箇所のうち1箇所は目視で最も薄いと思われる

位置に一致しなければならない。

7.2.2 耐電圧 耐電圧は，わく耐電圧および試料耐電圧の2種類とし，以下の規定に従って行う。

(1) わく耐電圧(解説3) わく耐電圧は次のいずれかの方法によって行う。試験法の選択は受渡し当事者間に取り決めのない場合は，製造者の選択事項とする。

　(a) 直流耐電圧試験　あらかじめ接地された水中に両端末を除くケーブルの全長を浸し，遮へい層と水の間に直流電圧を1分間加え，これに耐えるかどうかを調べる。極性は遮へい層側を負とする。

　　備考　試験実施においてはケーブルを水中に浸漬後，水面の静止を確認した後，課電を開始しなければならない。

　(b) スパーク試験　スパーク試験は JIS C 3005-2000の4.6 c)（スパーク）の規定に従って実施する。

　　備考　スパーク試験に使用する試験設備は JIS C 3005-2000の4.6 c)に規定されたものに準ずる設備とし，試験対象とするケーブルのシースに0.5mm径の貫通孔が存在するとき，これを規定の電圧で検出できる性能が保証されなければならない。

(2) 試料耐電圧(解説4) 試料耐電圧はインパルス耐電圧とし，公称電圧66 000V 以上のケーブルに対して適用する。

　試験の方法は完成したケーブルから5 m以上の試料をとり，あらかじめ接地された水中に1時間以上浸した状態で，遮へい層と水の間に JEC-0202-1994に規定された標準波形のインパルス電圧を3回加えるものとする。

　ただし，波形は波頭長において0.5μs以上5 μs以下，波尾長において40μs以上60μs以下の範囲を許容するものとする。特に規定がない限り，遮へい層側を負極性とする。また，水の代わりにシース表面に金属遮へいを施してもよい。

　　備考　トリプレックス形ケーブルの場合は1線心に対して実施する。

7.2.3 絶縁抵抗(解説5)　あらかじめ接地された水中に両端末を除くケーブルの全長を浸し，1時間以上経過後，遮へい層と水の間に100V 以上の直流電圧を1分間加え絶縁抵抗を測定する。ただし，ケーブル全長を水槽に入れるのではなく，両端のシース上のみを各電極長が1 mとなるようにアルミ箔で巻き，絶縁抵抗を測定する方式（アルミ箔方式）で測定してもよい。その場合，アルミ箔とシースとの接触を考慮して，半導電性テープとアルミ箔（電極）を巻き付け，ビニルテープで押さえ巻きするものとする。それぞれ絶縁抵抗を20°C以外の温度で測定した場合は20°Cの値に換算する。

　なお，本試験は，公称電圧66 000V 以上のケーブルに対して適用する。

7.2.4 引　張(解説6)　JIS C 3005-2000の4.16（絶縁体及びシースの引張り）に従って行う。

7.2.5 加熱老化(解説7)　JIS C 3005-2000の4.17（加熱）に従って行う。

　加熱温度および時間はビニルについては JIS C 3005-2000の表5における種類B（100±2°C，48時間），ポリエチレンについては種類A（90±2°C，96時間）の条件とする。

7.2.6 耐油性(解説8)　JIS C 3005-2000の4.18（耐油）に従って行う。浸油温度および浸油時間は JIS C 3005-2000の表6における種類A（70±2°C，4時間）の条件とする。

7.2.7 加熱変形(解説9)　JIS C 3005-2000の4.23（加熱変形）に従って行う。

　加熱温度および荷重は**表6**のとおりとする。

表6 加熱温度および荷重

種類	加熱温度 ℃	荷重 N	
ビニルシース	120±3	10	
ポリエチレンシース	75±3	シース外径 mm	
		10以上20未満	15
		20以上25未満	20
		25以上30未満	25
		30以上35未満	29
		35以上45未満	34
		45以上	39

7.2.8 耐寒性[解説10]　JIS C 3005-2000の **4.22**（耐寒）に従って行う。ただし，試験温度は－15℃以下とする。なお，本試験はビニルシースに対して適用する。

7.2.9 耐燃性[解説11]　JIS C 3005-2000の **4.26.2 b)**（難燃）傾斜試験に従って行う。なお，本試験はビニルシースに対して適用する。

7.2.10 硬さ[解説12]　ショアD形試験器を20℃±2℃の温度に1時間以上保持したケーブル試料のシース表面に垂直に押し当て，5秒間経過後に試験器の目盛を読み取る。適当な場所3箇所に対して測定を行い，その平均値を求める。

なお，本試験はビニルシース2種および3種に対して適用する。

7.2.11 難燃特性[解説13]　IEEE Std. 383-1974に基づく垂直トレイ燃焼試験により行う。本試験はビニルシース3種に対して適用する。

7.2.12 発煙量[解説13]　ASTM E 662-1997 NBS法の輻射燃焼法により行う。本試験はビニルシース3種に対して適用する。

7.2.13 ハロゲン化水素[解説13]　JCS 6053-1976，JIS K 0105-1998および JIS K 0107-1995に準じて行う。本試験はビニルシース3種に対して適用する。

7.2.14 フッ化水素[解説13]　JCS 6053-1976，JIS K 0105-1998および JIS K 0107-1995に準じて行う。本試験はビニルシース3種に対して適用する。

解　　　説

1. 種　　　類

　電力ケーブル用ビニルシース材料としては，低圧，高圧ケーブルに軟質ビニルが用いられているが，特に66kV以上の特別高圧ケーブルに対しては，管路引入れ時の耐外傷性能の向上を目的として，引張強度を増したビニルが適用される例が多い。JEC-3403-1990では現在使用されているこれら2種類のビニルシースを規格にとり入れることとし，軟質ビニルシースを1種，耐外傷性能を向上させたビニルシースを2種として区別することとした。

　さらに今回改訂では，ビニルシース3種として，難燃特性を向上したもの（以下，難燃と称す）を規格に取り入れた。

2. 構　　　造

　シースの厚さについては，これまで電気設備技術基準の解釈および解説第10条に規定された単心高圧ケーブル用の厚さ規定を特別高圧ケーブルに適用してきた。これまでの運用実績からみて従来の規定を踏襲することが妥当と考えられるので本項の規定とした。なお特別高圧ケーブルに対しては，シースが高圧ケーブルに比して厚くなることから細かくは規定せず0.5mm単位の値に切り上げることとした。

3. わく耐電圧

　わく耐電圧試験は製造上の欠陥のないことを明らかにする目的で行うものであるが，実質的にはシースの貫通ピンホールの有無を検証するものである。JEC-159-1964においては，水中商用周波耐電圧試験値1 kV/mmが規定されていたが，この規定値ではピンホールに水が充満している状態では検出可能であるが，空気が残留している場合は検出が十分ではないことが判明した。（図1参照）

　次にJEC-3403-1990においては，IEC規格（IEC Pub. 229-1982）に準じてスパーク試験（6 kV/mm，最大15kV）および直流耐電圧試験（8 kV/mm，最大25kV，水中もしくはシース表面に導電処理のある場合は気中）を採用し，水中商用周波耐電圧試験は除いている。

　本規格では，IEC規格およびJEC-3403-1990に準じてスパーク試験および直流耐電圧試験を規定するものとする。ただし，JEC-3403-1990においてはスパーク試験は33kV以下のケーブルに適用していたが，最近のケーブル長尺化に対応するため，スパーク試験をすべての電圧のケーブルに適用するものとする。

　試験電圧についてはIEC規格および模擬欠陥(0.5mm径のドリルによる貫通孔)を有する各種ケーブルの防食層あるいはシースに対する試験結果（図2～図4参照）に基づいて決定した。

　直流耐電圧試験はIEC規格の8 kV/mm，最大25kVで欠陥検出が十分に可能であると考えられるためIEC規格に準じて試験電圧を決定した。（図2）

　スパーク試験は水中スパーク試験においてはIEC規格の6 kV/mm，最大15kVで欠陥検出が可能であると思われるためこの値を採用したが，気中スパーク試験においては模擬欠陥ケーブルの試験結果より最大15kVでは検出できない可能性が出てきたため最大試験電圧を20kVとした。（図3～図4）

4. 試料耐電圧

66 000V以上のケーブルは導体と大地間に雷インパルスや開閉インパルスが侵入した場合，接地方式によっては金属遮へい層に電圧が発生する。試算の結果では金属遮へい層と大地間に発生するインパルス電圧に，シースが長期的に耐えるためには，現用のシースの厚さをさらに厚くする必要がある。しかしながらシースの厚さを厚くすることは経済性を悪くするので，必要な場合にはシース保護装置を設置することが妥当である。また，諸外国においてもその思想が採用されている。

本規格においては5.に規定したシース厚さを基準に製造初期において十分耐え得る値を規格値として採用することとした。

推定最低破壊電圧 V （kV）は次式により求めた。

$$V \text{ (kV)} = 20\text{kV/mm}^{*1} \times 0.85^{*2} \times t^{*3}$$

* 1 　現用ビニルシースのインパルス破壊電圧実績値をワイブル分布として整理したときの位置パラメータ
* 2 　シースの最小厚対標準厚の比
* 3 　ビニルシースの標準厚さ（mm）

試験規格値は上記 V （kV）に対して90%とし，5 kV単位の切捨てを行って決定した。

ポリエチレンについてはビニルより一般的に破壊電圧値は高いが，ビニルと同一の値を採用した。なお，インパルス耐電圧値については，長期的なシース保護レベルをベースとして，主絶縁と同様に経年変化を考慮した初期試験値を定める方法も考えられるが，このためには経年変化の評価方法を今後明確にしていく必要があり，今回は本項の方法によった。

試験の種類に関しては，現行CVケーブル規格の規定をもとに形式試験とした。

5. 絶縁抵抗

絶縁抵抗試験はシースが通常有している絶縁性能を確認するために行うもので，特に遮へい層に電圧が誘起する可能性が高く，耐電圧性能を要求される66 000V以上のケーブルに対して適用することとした。ビニルシースの絶縁抵抗は可塑剤，滑剤，充填剤などの配合によって値が異なり，また含水量などによっても変動するので，現用シースの実績値（測定最低値）に余裕を加味して規定値を定めた。ポリエチレンシースの絶縁抵抗は変動要素も少なく安定しているので，実績値を参考に決定した。またJEC-159-1964では，本試験は全数枠試験として規定されていたが，外国規格には本試験は規定されていないことを配慮し，JEC-3403-1990においては抜き取り枠試験として規定された。

今回の改訂では，従来の水中に浸す方法に加えて，アルミ箔方式による測定を追加することとした。シース全長にわたる欠陥の検出は直流耐電圧試験もしくはスパーク試験で確認できることから，絶縁抵抗測定は，シースが正しい材料を使用し，正しく加工されていることを確認するために，ケーブル両端の端末部を測定することで十分目的を達成するものと考えられる。JEC-3402-2001解説5に記載されているデータは本プラスチックシースについても適用でき，水中に浸して測定する方法と今回追加のアルミ箔方式による結果は同等であるので，本規格においてもどちらの方法を採用しても良いこととした。ここでは，アルミ箔とシースとの接触を考慮して，半導電性テープとアルミ箔（電極）を巻き付け，ビニルテープで押さえ巻きする方法を適用するものとする。

なお，温度換算係数については，材料組成によって異なるので，本規格では定めなかったが，製造者はあらか

じめ絶縁抵抗温度特性を実測の上，換算係数を定めて運用する必要がある。

6. 引　　　張

シース用軟質ビニルは従来 JEC-159-1964 または JIS C 3606-1993 に従って，引張強さ10MPa，伸び200％または120％を規格値として製造されてきた。これらの規格に基づいて製造されたビニルシースの実力値を調査した結果，特に引張強度に規格値と実力値の差異が認められた。現状のビニルシースの性能を将来とも期待するとの考え方から JEC-3403-1990 ではビニルシース１種については現状実力値に合わせて規格値が改訂された。実力値調査結果によると，その分布はほぼ正規分布とみなすことができるので，引張強さの〔（平均値）－３×（標準偏差）〕である15MPaの値と IEC 規格（IEC Std, 60502-1997）の値（12.5MPa）を参考の上，余裕のある数値として12.5MPaを規格値とした。伸びについての実力値は200％を超えており，この値を採用しても実用上問題ないと考えられ，200％とした。

ビニルシース２種は解説１に述べたごとく，管路引入れ時の耐外傷性を向上させたもので，電力用規格 A205-1997 の規定を参考に引張強さ18MPa，伸び200％を規定した。

今回規定したビニルシース３種は，難燃剤等の充填剤の配合を増し，難燃特性を向上させたものである。しかし，難燃性と絶縁抵抗および機械強度とは相反する面があり，２種ビニルシースに比べて絶縁抵抗ならびに機械強度が若干低下したものとなっている。ここでは従来実績を勘案の上，引張強度10MPa，伸び200％とした。

ポリエチレンシースについては，JEC-159-1964 の規定（10MPa，350％）をもとに，実力値がこれと差異のないことを確認の上，数値を決定した。

7. 加 熱 老 化

加熱老化試験はビニル，ポリエチレンの一般的材料性能を確認するために実施するものとし，JIS C 3606-1993，電力用規格 A250-1997 などを参考に数値を規定した。

8. 耐 油 性

耐油性試験はビニル，ポリエチレンの一般的材料性能を確認するために実施するものとし，JEC-3403-1990 に基づいて数値を規定した。試験油については JIS C 3005-2000 の規定で特に支障のないことから，これに従うものとした。

9. 加 熱 変 形

加熱変形試験はビニル，ポリエチレンの一般的材料性能を確認するために実施するものとし，JIS C 3606-1993，電力用規格 A250-1997 などを参考に数値を規定した。なお，旧規格における試験荷重1.0kgfは新規格の試験荷重10MPa（1.02kgf）より小さい値であるが，実測値に十分な裕度があれば旧規格値による試験結果はそのまま引用してよい。

10. 耐 寒 性

ポリエチレンシースの耐寒性は通常－60℃以下であり，実用上の問題は生じないと考えられるので，試験の対象とはしないこととした。

11. 耐 燃 性

JIS C 3005-2000においては難燃試験と呼ばれている試験であるが，今回新たに規定した難燃特性と区別するため，名称はJEC-3403-1990に準じて耐燃性とした。

なお，ポリエチレンシースは特殊組成を除き耐燃性を有しないので，試験の対象とはしなかった。

12. 硬　　　　さ

耐外傷性を高めたビニルシース2種は，引っ張り強さとともに硬度の高いことが要求される。電力用規格 A205-1997の規定を参考に硬度の規定を行った。難燃特性を高めたビニルシース3種は，適用可能な材料の実力値を考慮し硬度の規定を行った。なおショア D 形試験器は，ASTM D 2240-97に定められ，国内には相当する規格はないが，従来実績を尊重して，本試験器を規定した。類似の試験器としては JIS K 6253-1997にデュロメータ試験器が定められているので，これを参考として試験を実施することが望ましい。

13. 難燃特性，発煙量，ハロゲン化水素，フッ化水素

近年，電力ケーブルが暗きょ内に布設されるケースが増加している一方で，社会的には防災面の対策要求がいっそう高まってきている。ビニルシース2種は適切な耐燃性，難燃性を有しているが，より優れた難燃性能が求められる場合があり，「ビニルシース3種（難燃）」を追加した。従来のJEC-3403-1990の耐燃性に加えて，難燃に関する所要特性として下記の試験を追加規定した。

① 難燃特性*　（IEEE Std. 383-1974）

② 発煙量**　（ASTM E 662-1997）

③ ハロゲン化水素発生量**　（JCS 6053-1976, JIS K 0105-1998，および JIS K 0107-1995）

④ ふっ化水素発生量**　（JCS 6053-1976, JIS K 0105-1998，および JIS K 0107-1995）

＊　消防予第101号 「改正火災予防条例準則の運用について（通知）」（消防庁予防救急課長　昭和60年9月10日）における判断基準は「上端まで燃焼しないこと」（上端とは1800mmの意）とあり，これに電力会社での使用実績を考慮して6〜11kV CV ケーブルに対する規格値を定めた。22kV以上のケーブルに対しては，洞道等の重要設備で使用することから，より高い難燃性を保有するケーブルの判断基準として，1800mmの2/3である1200mmと定めた。

＊＊　上記の消防予第101号に準拠し，発煙量については，米国基準局（National Bureau of Standard 略称 NBS）の発煙濃度試験法（American Society for Testing and Materials 略称 ASTM の規格 E662）により測定された濃度が400以下，ハロゲン化水素発生量については，ハロゲン化水素（ふっ化水素を除く）発生量が350mg/g以下で，かつ，ふっ化水素発生量が200mg/g以下，とした。

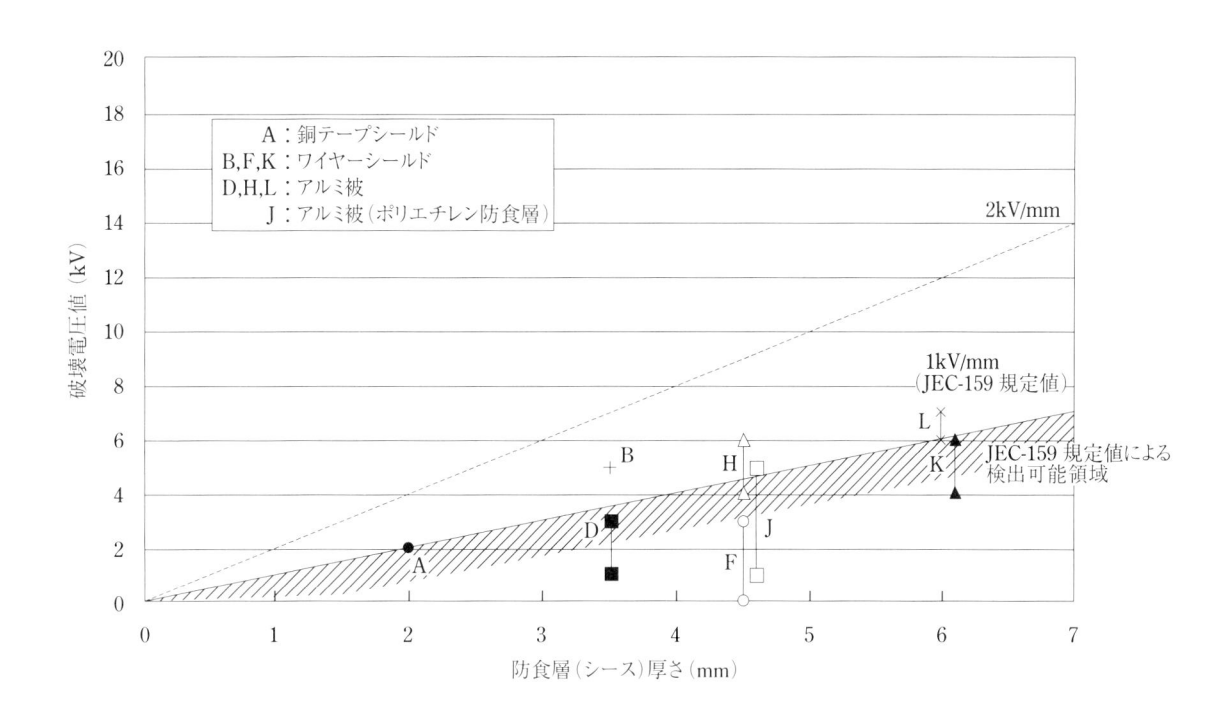

図1 水中交流耐電圧試験破壊特性
（模擬欠陥：ドリルによる貫通孔（0.5mmφ））

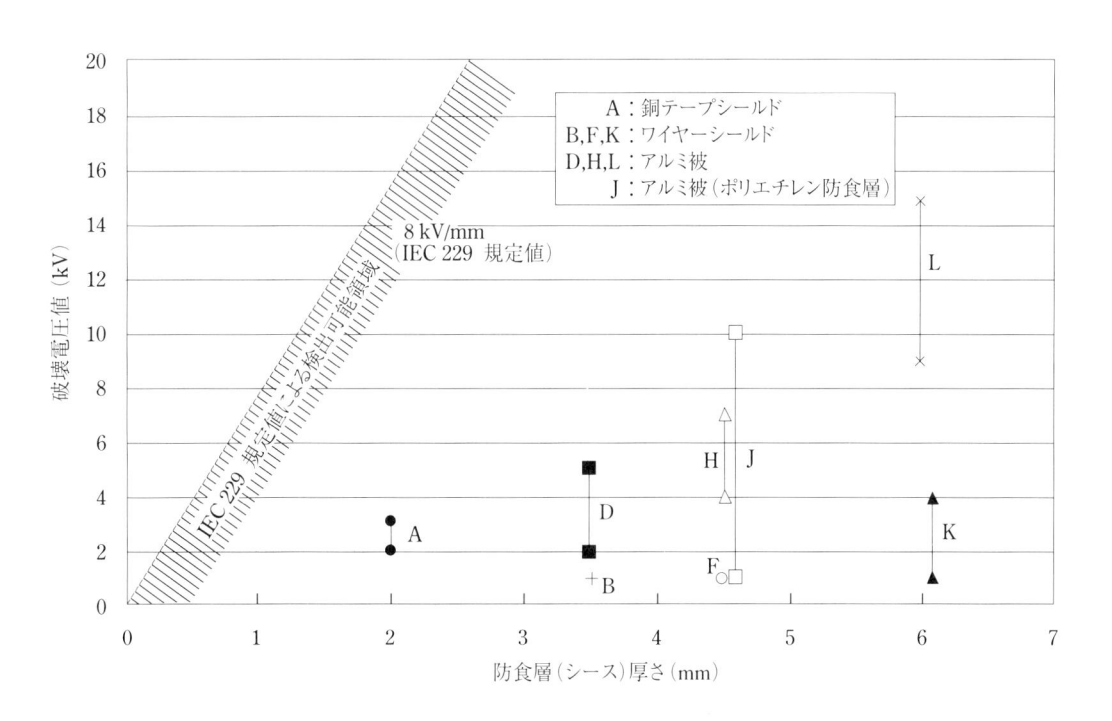

図2 水中直流耐電圧試験破壊特性
（模擬欠陥：ドリルによる貫通孔（0.5mmφ））

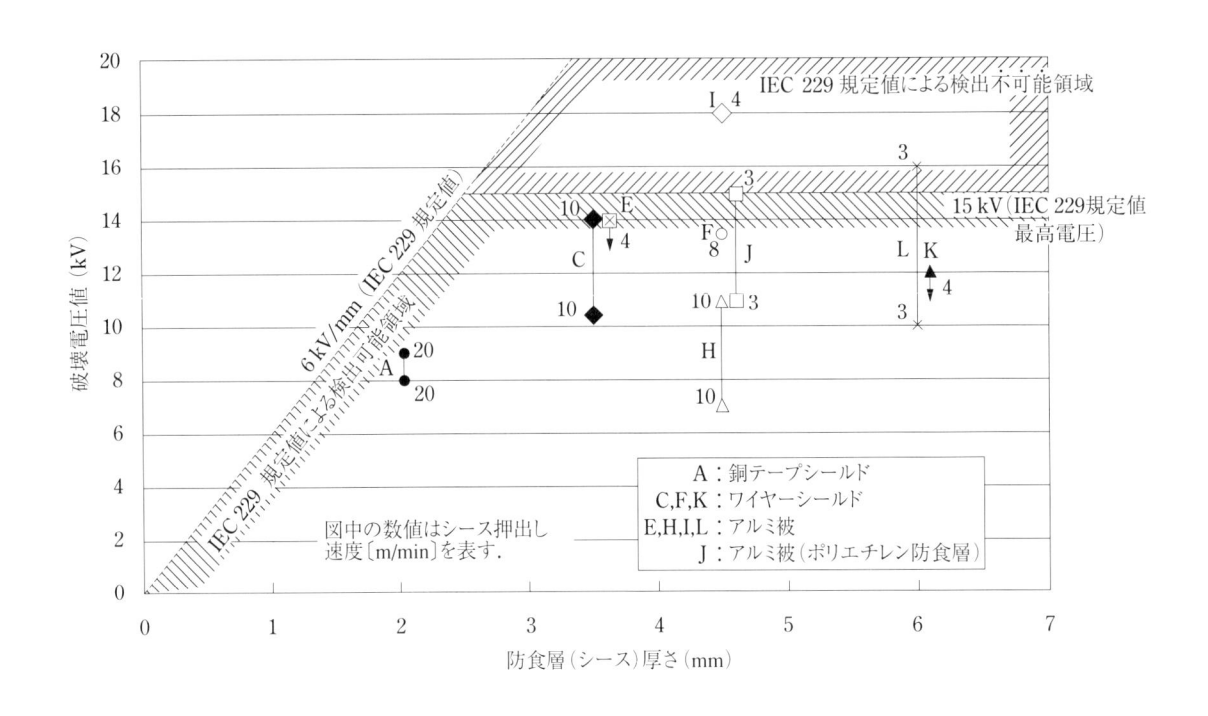

図3 気中スパーク耐電圧試験破壊特性
（模擬欠陥：ドリルによる貫通孔（0.5mmφ））

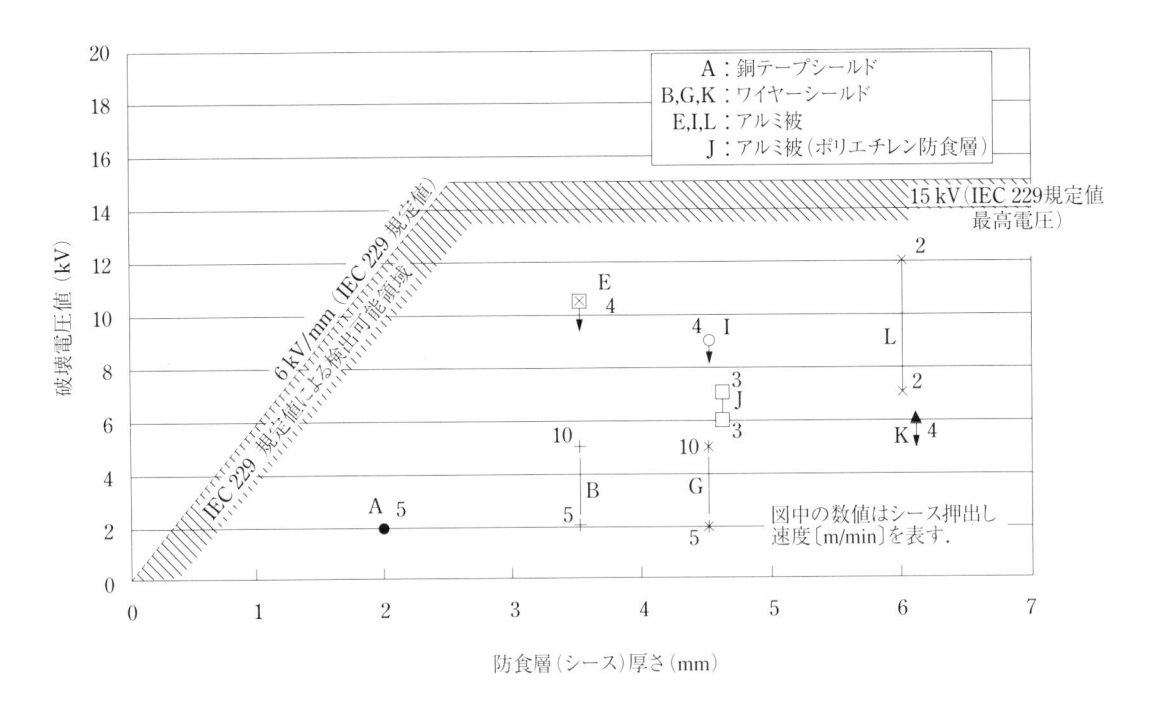

図4 水中スパーク耐電圧試験破壊特性
（模擬欠陥：ドリルによる貫通孔（0.5mmφ））

Ⓒ 電気学会電気規格調査会 2001
電気規格調査会標準規格
JEC-3403
電力ケーブル用プラスチックシース
2001年12月10日　第1版第1刷発行

編　者　電気学会電気規格調査会

発行者　田　中　久米四郎

発　行　所
株式会社　電　気　書　院
振替口座　00190-5-18837
東京都渋谷区富ケ谷2丁目2-17
〒151-0063　電話(03)3481-5101(代表)

印刷所　　松浦印刷株式会社

落丁・乱丁の場合はお取り替え申し上げます。

〈Printed in Japan〉